LA SAVOIE ET SES RICHESSES

LE GROUPE

DES

EAUX MINÉRALES

D'ÉVIAN-LES-BAINS

ET LES

CARRIÈRES DE MEILLERIE

LECTURE FAITE A L'ACADÉMIE DE SAVOIE

Dans la Séance du 24 janvier 1884

Par M. François DESCOSTES

Avocat à la Cour d'appel de Chambéry,

Secrétaire perpétuel de l'Académie de Savoie.

CHAMBÉRY

IMPRIMERIE CHATELAIN, SUCCESSEUR DE F. PUTHOD

4, AVENUE DU CHAMP-DE-MARS, 4

1885

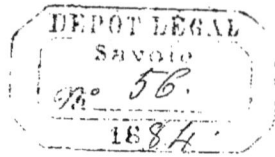

LE

GROUPE DES EAUX MINÉRALES

D'ÉVIAN—LES—BAINS

ET LES

CARRIÈRES DE MEILLERIE

LA SAVOIE ET SES RICHESSES

LE GROUPE

DES

EAUX MINÉRALES

D'ÉVIAN-LES-BAINS

ET LES

CARRIÈRES DE MEILLERIE

LECTURE FAITE A L'ACADÉMIE DE SAVOIE

Dans la Séance du 24 janvier 1884

Par M. François DESCOSTES

Avocat à la Cour d'appel de Chambéry,

Secrétaire perpétuel de l'Académie de Savoie.

CHAMBÉRY

IMPRIMERIE CHATELAIN, SUCCESSEUR DE F. PUTHOD

4, AVENUE DU CHAMP-DE-MARS, 4

1885

LA SAVOIE ET SES RICHESSES

LE

GROUPE DES EAUX MINÉRALES·
D'ÉVIAN-LES-BAINS

ET LES

CARRIÈRES DE MEILLERIE

LECTURE FAITE A L'ACADÉMIE DE SAVOIE

Par M. François DESCOSTES

Avocat à la Cour d'appel de Chambéry,

Secrétaire perpétuel de l'Académie de Savoie.

MESSIEURS,

Notre pays de Savoie a cette rare fortune d'offrir une alimentation également riche et variée à tous les appétits de l'intelligence, à toutes les aspirations du cœur, à toutes les manifestations de l'activité humaine.

Le poète peut y rêver à l'ombre des grandes montagnes et y chercher, comme Lamartine, de sublimes inspirations.

L'historien peut y étudier l'influence de la configuration du sol sur le génie d'un peuple, la relation mystérieuse qui existe entre la physionomie du pays et le caractère de l'habitant et la résultante de ces deux forces sur la marche des événements.

L'artiste peut y surprendre la nature dans ses plus gracieux sourires comme dans ses plus redoutables colères, sous ses aspects les plus séduisants comme dans ses plus fantastiques horreurs.

Le savant enfin peut y contempler dans leur admirable succession tous les grands problèmes que soulève l'étude de tous les règnes, et l'industriel, ce metteur en œuvre de la science, peut y puiser à pleines mains la matière premère qui, transformée en objet de consommation, arrivera sur le marché et deviendra un élément de richesse et de prospérité.

Ce sont là, Messieurs, des vérités courantes comme l'eau claire de nos ruisseaux; elles ont été cent fois proclamées sur un mode aussi pompeux et pas n'était besoin peut-être de chausser le cothurne ni d'emboucher la trompette pour arriver, par une désinence nécessaire rappelant le poisson d'Horace, à l'objet circonscrit et tout technique qui doit faire l'objet de cette causerie.....

Mes devoirs professionnels m'ont appelé souvent et m'appelaient encore, dans les derniers jours de l'année écoulée, sur les bords de ce lac Léman qu'un chemin de fer va bientôt sillonner en prolongeant jusqu'à Saint-Gingolph, soit jusqu'à la frontière suisse, la voie qui a provisoirement Évian-les-Bains pour tête de ligne. Ce ne sont point les impressions, j'allais dire les déceptions de l'avocat, que je viens vous confier; point non plus les impressions et je puis bien dire les déceptions du touriste; car le Chablais demande à être parcouru sous les rayons d'un beau soleil d'été, et la brume de décembre est comme le voile sombre qui dissimule la splendeur de ses formes, la pureté de ses lignes et la grâce de ses traits.

Je veux tout simplement, en profane égaré sur un domaine qui n'est point le sien, mêlé, comme malgré lui et *obtorto collo* à des débats scientifiques du caractère le plus élevé, vous rapporter sans prétention comme sans scrupule les épis qu'il a glanés sur son chemin et faire bénéficier l'Académie, dans un intérêt général, de recherches et d'observations faites au service d'intérêts purement privés par les spécialistes les plus éminents.

I

Une première observation, que j'ai recueillie il y a bien des années déjà, lors d'un procès important entre la Société des eaux minérales et la ville d'Évian-les-Bains, a trait à la thermalité des eaux de cette région.

Je la traduirai tout d'abord dans le langage simple et sans précautions oratoires de l'homme du monde en affirmant qu'à Évian, toutes les eaux, même celles qui ne sont pas exploitées à ce titre, sont également minérales, à quelques différences près.

Nous connaissons tous, Messieurs, le site merveilleux dans lequel s'épanouit ce bijou de la rive française du lac de Genève qui s'appelle *Évian*.

Qui d'entre nous n'a fait cette traversée si féconde en enchantements et en surprises?

Après avoir dépassé Thonon et la célèbre abbaye de Ripaille, on rencontre des rives sablonneuses que gercent les méandres capricieux du torrent de la Dranse.

A partir de là, la côte change d'aspect, elle devient onduleuse et se couvre des produits d'une végétation aussi luxuriante que variée. L'œil peut remonter ainsi, par échelons gigantesques, des cultures ensoleillées du Midi jusqu'aux flancs dénudés des Grandes Alpes, dont les cimes neigeuses ferment l'horizon.

Bientôt Évian apparaît sous la forme d'un gracieux amphithéâtre qui s'étend parallèlement au lac de l'Est à l'Ouest, et qui s'appuie au massif de montagnes formé par les rochers de Meillerie, les Dents d'Oche et la Cornette de Bise.

A la base de cet amphithéâtre est la ville, séparée du lac Léman par un quai construit dès 1860. Au sommet, se dresse le château de Larringe, à 371 mètres d'altitude.

C'est dans cet étroit espace que sont groupées les diverses sources minérales d'Évian-les-Bains, véritable réseau dont les fils se relient entre eux et constituent comme des ramifications d'une source-mère, ayant les mêmes propriétés natives, tout en offrant entre elles certaines différences quantitatives ou qualitatives dues à la nature des terrains traversés.

Il se produit, en effet, à Évian, ce phénomène qui n'est point rare dans les localités balnéaires et qui se rencontre notamment à Vals et à Saint-Galmier; c'est que les eaux y sont à la fois *minérales* et *potables*.

L'explication géologique de cette identité d'origine et de caractères a été donnée par un savant, M. Ébray, fondateur du Comité de la Paléontologie française, membre de la Société géologique de France, dans un mémoire publié par l'Académie des sciences et belles-lettres de Lyon et intitulé : *Classification des eaux minérales de la Savoie en rapport avec les failles.*

En ce qui concerne spécialement le groupe des eaux minérales d'Évian, M. Ébray a déduit les conséquences des principes par lui établis, dans un mémoire inédit produit devant la Cour d'appel de Chambéry, en 1877, lors du procès auquel j'ai fait allusion, sous la rubrique : *Sur l'origine commune des sources Bonnevie, Montmasson, Guillot, Vignier, Cachat et autres à Évian-les-Bains.*

« Preuves géologiques tirées de la disposition des sources suivant une ligne droite.

« Il y a déjà longtemps qu'un habile géologue, étudiant les sources si nombreuses du Grand-Duché de Nassau, est arrivé à la conclusion suivante : *On n'a pas encore trouvé,* — dit-il, — *de données satisfaisantes sur les rapports qui existent entre les eaux minérales et les roches environnantes. La seule chose qui paraît certaine, c'est leur disposition générale en filons ayant des caractères chimiques particuliers.*

« De mon côté, j'ai reconnu que les nombreuses sources de la Savoie sont alignées suivant des lignes droites qui coïncident presque toujours avec des failles ou fentes qui ont disloqué cette contrée. Le résultat de mes études se trouve dans un mémoire publié dans les annales de l'Académie de Lyon.

« En examinant la position spéciale des sources qui émergent aux environs d'Évian on arrive aux mêmes résultats.

« Deux systèmes de fentes sillonnent la Savoie : l'un dirigé Nord quelques degrés Est, l'autre dirigé Est-Ouest.

« Il faut ranger dans le premier la faille du Salève, celle du Mont-Vuant, celle des Voirons, celle de la pointe d'Orchez, et, dans le second, la fente ou faille remarquable qui se dirige de Cluses par Bonneville à Étrembières.

« Toutes les sources de la Savoie obéissent à ces ruptures, et c'est au système Est-Ouest qu'est soumis le réseau d'Évian.

« Les sources dont nous nous occupons sont alignées suivant une ligne sensiblement droite, allant dans cette direction.

« Il y a donc lieu de conclure *qu'elles sourdent toutes dans la même fente, en formant un filon et en constituant non seulement des filtrations, mais encore des manifestations d'une source unique, profonde, qui s'est divisée en plusieurs branches en arrivant dans les cailloux superficiels, autrement dit dans les conglomérats.*

« Preuve tirée des caractères chimiques.

« Les caractères chimiques identiques qui ressortent des analyses, arrivent à corroborer les considérations qui précèdent.

« Les études géologiques viennent donner la main aux expériences chimiques en prouvant que *toutes ces sources forment un seul filon et un seul faisceau.* »

Cette opinion de M. Ébray, elle avait déjà été exprimée en 1870 par M. Brun, chimiste à Genève, dans le mémoire où il publie les *Analyses des eaux minérales d'Évian-les-Bains :*

« La composition analogue des différentes sources, —
« dit-il, — porte à croire qu'elles ont une origine com-
« mune et permet de supposer qu'elles sont alimentées par
« quelque glacier des sommités environnantes.
« La glace, fondue par la chaleur, donne une eau qui
« pénètre lentement le sol. Dans son parcours, cette eau

« se charge des gaz, des agents chimiques contenus dans
« la terre, et donne naissance aux différentes sources.

« C'est ainsi que peut s'expliquer la fixité du débit de
« ces sources, leur température constante entre 10° et 12°
« cent. et la parfaite limpidité de leurs eaux, qui n'est
« jamais troublée, quel que soit l'état de l'atmosphère.

« Il est probable, — dit ailleurs le même auteur, —
« qu'elles proviennent toutes d'une grande nappe d'eau
« souterraine et servant de réservoir : cette nappe d'eau
« minérale se trouve entre deux couches de terrains diffé-
« rents qui suivent une ligne inclinée et qui descendent
« de l'Ouest à l'Est. Ces sources sortent de la terre en sui-
« vant une ligne ascensionnelle presque verticale, et leur
« abondance varie peu dans le courant de l'année. »

En résumé, — et c'est le point essentiel qui résulte de
ces observations, — toutes les sources d'Évian, — aussi
bien celles qui sont exploitées comme moyen thérapeu-
tique que celles qui servent à l'alimentation quotidienne et
aux besoins de la population, — sont minérales ; toutes
ont au fond la même nature, proviennent de la même origine et ne sont que des filtrations d'une source ou d'un réservoir central.

On ne saurait mieux les comparer qu'à un arbre ayant
ses racines dans les montagnes supérieures ; un tronc vi-
goureux réunit l'eau absorbée par les racines, traverse
toute la contrée en un seul bras, puis se divise en branches
à l'extrémité desquelles sourdent les diverses sources.

Celles-ci se divisent en trois grands groupes différents.
En procédant du couchant au levant, on rencontre successivement :

1° Un premier groupe, celui du *Miaz*, comprenant :

a — Une première source servant à alimenter une fontaine et un lavoir publics, côté du couchant ;

b — La *Source Bonnevie*, dont le débit est de 60 litres à la minute ;

c — La source Montmasson, dont le débit est de 120 litres à la minute ;

2° Un groupe intermédiaire, formé par la source Guillot, dont le débit est de 55 litres à la minute ;

3° Un troisième groupe comprenant :

a — La source Cachat, dont le débit est de 8 litres à la minute ;

b — Les Nouvelles Sources, dont le débit est de 30 litres à la minute ;

c — La source Vignier, dont le débit est de 7 litres à la minute ;

d — La source dite du *Lavoir*, servant à alimenter une fontaine et un lavoir publics, côté du levant ;

e — Enfin la source *Blanc-Pellissier* ou du *Coffre*, celle-là même qui faisait l'objet du procès entre la Ville et la Société devant la Cour d'appel de Chambéry.

Ces trois groupes de sources minérales se trouvent concentrées sur un espace de 300 mètres au plus. La source Blanc-Pellissier, notamment, est à 80 mètres à peine de la source Cachat, dont elle est séparée par les filets intermédiaires des Nouvelles Sources, de la source Vignier et du Lavoir. Elles sont situées sur une même ligne et suivent dans leur cours l'inclinaison du terrain, qui les fait couler du couchant au levant.

La source du Lavoir et la source Blanc-Pellissier seraient, — d'après une opinion accréditée, — les derniers syphons par lesquels s'écoulerait la nappe d'eau que l'on suppose exister entre les collines et un banc de glaise qui l'empêcherait de s'écouler dans le lac, où viennent se jeter toutes les eaux descendant des montagnes environnantes. La colline d'Évian est, en effet, légèrement inclinée du couchant au levant et c'est cette direction uniforme que suivent tous les syphons de cette nappe d'eau souterraine.

Il importe maintenant de démontrer d'une façon plus précise, et par relation aux diverses individualités thermales composant le groupe d'Évian-les-Bains, que toutes ces sources diverses sont sœurs les unes des autres, et qu'ayant les mêmes ou à peu près les mêmes caractères chimiques, elles doivent produire les mêmes effets et sont toutes également susceptibles d'être utilisées comme agent médical.

Nous suivrons, dans un instant, le développement historique de la station thermale d'Évian-les-Bains ; pour le moment, qu'il nous suffise de dire que, dans le principe, la seule source qui était considérée et exploitée comme eau minérale, fut la source Cachat.

Dès lors et successivement, nous verrons entrer dans le groupe d'exploitation la source Bonnevie, la source Montmasson, les Nouvelles Sources, la source Vignier ; mais jusqu'ici, jusqu'à ces dernières années tout au moins, la première source, appartenant au groupe du Miaz, celle du *Lavoir* et celle du *Coffre* n'avaient servi que comme eaux potables.

Elles n'en sont pas moins minérales : on peut du moins résolument l'affirmer en ce qui touche la source du *Coffre*, et c'est ce qui résulte clairement de l'analyse qui en a été récemment faite et de la comparaison de sa composition qualitative et quantitative avec celles des sources déjà précédemment analysées et exploitées comme eaux minérales.

Ces sources, — au nombre de six (Cachat, Bonnevie, Montmasson, Guillot, Nouvelles Sources et Vignier), — ont été successivement dosées par les professeurs Tingry, Peschier et Morin, de Genève, par M. Borrel et par les ingénieurs de l'École des mines ; leur analyse comparative a été faite par le chimiste Brun.

Cette analyse fait ressortir, comme entrant à doses variées dans leur composition, du gaz oxygène, de l'azote, de l'acide carbonique libre, des bicarbonates de potasse, de soude, d'ammoniaque, de protoxyde de fer, de chaux, de magnésie, du chlorure de sodium, de l'acétate de chaux, du sulfate de magnésie, de l'alumine, de la silice, du phosphate de soude, de la glairine.

Les eaux de ces sources peuvent ainsi être classées parmi les eaux minérales bi-carbonatées et légèrement ferrugineuses ; la dose d'acide carbonique libre qu'elles contiennent les rend très digestives et aide à l'assimilation de leurs éléments.

Cette analogie fondamentale de constitution n'exclut pas certaines dissemblances entre les différentes sources. Ainsi, la source Bonnevie est la plus riche en chaux, en chlore et en silice. La source Montmasson est celle qui contient le plus de phosphates et d'acide carbonique libre. La source Vignier est la plus fortement dosée en fer, en alumine, en azotate de chaux ; et la source Guillot se fait remarquer par une quantité plus considérable de glairine et de magnésie.

Mais toutes sont fraîches, légères, bien aérées, parfaitement digestives et très agréables à boire. Au toucher, leur effet le plus immédiatement appréciable est de donner de la fraîcheur, du velouté et de la blancheur à la peau ; aussi ces eaux sont-elles, dès un temps immémorial, connues dans la langue du pays sous le nom d'*eaux savonneuses*.

Il était facile de présumer que les autres sources jaillissant dans le même périmètre devaient avoir la même composition. Cette présomption s'est changée en certitude à la suite des diverses expériences qui ont été faites en 1876 par M. Brun sur les eaux de la source *Blanc-Pellissier* ou du Coffre.

Cette source sourd dans une parcelle de terre, nature jardin, fortement inclinée du sud-ouest au nord-est, située en plein Évian, sous le n° 1045 du plan local, section A. Elle est confinée au midi par des terrains de la Société, au couchant par terre de François Jacquier, au levant par une propriété de la famille Joudon, au nord par la rue de l'Étang, dont elle est séparée par un mur de clôture.

Cette parcelle de terre, d'une contenance de 8 ares 20 centiares seulement, a été acquise par la Société, pour le prix de *neuf mille francs*, en vue des eaux qu'elle contenait et à raison de sa proximité des immeubles sociaux, de Mme veuve Blanc-Pellissier, suivant acte du 4 février 1870, Andrier notaire.

Dans la partie inférieure de ce jardin, à quelques mètres au-dessus du mur de clôture, se trouve un *coffre*, soit réservoir construit en maçonnerie, d'un mètre de largeur sur un mètre et quelques centimètres de profondeur environ, recouvert d'une petite voûte. Dans ce réservoir, sourd

la source ; il est lui-même protégé par deux battants ver-
moulus, formant porte, armés d'une serrure ouvrant sur
le jardin. De ce réservoir, les eaux sont conduites par un
canal souterrain jusqu'à un autre réservoir, situé sur la
limite de la propriété sociale et de celle de la famille Joudon, et qui, alimenté lui-même avec une surabondante pro-
digalité par la source puissante du Lavoir, a servi jusqu'ici
à l'*usage des habitants*, soit aux divers emplois que cet
usage comporte : eaux nécessaires au ménage et à la cuisson des aliments, lessives, etc.

Le chimiste Brun , président de la Société de pharmacie
de Genève, appelé à analyser l'eau de cette source, avait à
répondre à deux questions :

1° Cette eau est-elle analogue aux eaux des autres sources d'Évian ?

2° Cette eau est-elle une eau minérale ?

Voici sa réponse que nous extrayons d'un rapport qui
porte la date du 22 avril 1876 :

« Cette eau est limpide, incolore, fraîche, bonne à boire
et sans odeur.

« Essayée directement avec les réactifs, elle donne fran-
chement la réaction alcaline des carbonates alcalins dès que
l'ébullition en a chassé le gaz.

« L'eau de chaux y dénote l'acide carbonique libre. Les
autres réactifs y dénotent successivement la présence des
mêmes principes que contiennent les autres eaux minérales
d'Évian dont j'ai déjà fait les analyses. Le dépôt salin total
par litre est de 0ᵍ294 ; ce dépôt contient 0ᵍ105 de sels
solubles.

« Là se trouvent exactement tous les mêmes sels indiqués dans mon travail. (Voir mon tableau comparatif de la composition des diverses sources d'Évian.)

« Il est, je crois, superflu de vous faire ici cette énumération. J'ai suivi, pour établir la présence de ces substances, les mêmes procédés indiqués pages 7 et 10 dans ma brochure.

« A la première question, je dois répondre : Oui, cette eau est non seulement analogue, mais *identique* pour sa composition, aux autres sources d'Évian que j'ai analysées en 1870, et qui portent chacune un nom spécial.

« A la deuxième question, je dois répondre que cette eau du jardin de Mme veuve Blanc-Pellissier est certainement, à mes yeux, une eau minérale. Car, si, d'un côté, cette eau peut être bue abondamment comme eau potable et sans inconvénient, d'autre part, le fait de la présence des carbonates de potasse et de soude *la classe forcément dans les eaux minérales alcalines*, comme, par exemple, « l'eau de Vichy. »

« Les eaux potables normales ne contiennent pas ces deux principes alcalins et, après l'ébullition, ne bleuissent pas, comme celle-ci, le papier rouge de tournesol.

« Beaucoup d'eaux sont à la fois minérales et potables ; par exemple, les eaux de Saint-Galmier, de Vals, et tant d'autres qui se boivent aux repas et sont servies à table d'hôte dans les hôtels de ces localités, où elles remplacent, comme celle-ci, l'eau de citerne ou de fontaine du pays, sans que pour cela leur qualité d'eau minérale soit contestée. »

L'opinion de M. Brun a été entièrement adoptée par M. le docteur Gosse, professeur de médecine à l'Université de

Genève, dans une consultation du 27 avril 1876, dont nous extrayons les passages suivants :

« On désigne sous le nom d'eaux minérales des eaux qui sortent de terre chargées de principes minéralisateurs fixes ou volatils qui leur communiquent des propriétés thérapeutiques spéciales.

« L'analyse de l'eau provenant de la source de Mme veuve Blanc-Pélissier, faite par M. Brun, chimiste à Genève, démontre.

« 1° Qu'elle renferme :

Du gaz oxygène,
Du gaz azote,
De l'acide carbonique libre,
Du bi-carbonate de potasse,
— de soude,
— d'ammoniaque,
— de protoxyde de fer,
— de chaux,
— de magnésie,
Du chlorure de sodium,
De l'acétate de chaux,
Du sulfate de magnésie,
De l'alumine,
De la silice,
Du phosphate de soude,
De la glairine ;

« 2° Que le total de ces éléments est de 0ᵍ294 par litre ;

« 3° Que dès que l'ébullition en a chassé les gaz elle présente une réaction alcaline ;

« 4° Que sa composition qualitative est identique avec celle des sources Bonnevie, Montmasson, Guillot, Vignier et Cachat, à Évian-les-Bains ;

« 5° Que sa composition quantitative ne diffère que dans des proportions infiniment petites de celle des eaux sus-mentionnées, puisque le dépôt salin n'est, pour cette source, que de 0^{g}003 inférieur à celui de la source Cachat.

« En conséquence, on peut affirmer qu'au point de vue chimique, l'eau de cette source est une eau minérale, si les sources de Cachat, Bonnevie, etc. sont considérées comme telles.

« Les eaux d'Évian-les-Bains ont une si grande réputation qu'il est presque oiseux de répondre à cette question.

« Il est de notoriété publique que de nombreuses cures opérées par l'emploi de cette eau en attestent l'efficacité pour diverses maladies ; mais, en outre, tous les médecins praticiens qui ont envoyé des malades à Évian-les-Bains ou ont expérimenté cette eau par eux-mêmes, savent que les eaux de Cachat, etc., ont une action particulièrement efficace pour les maladies qui affectent les voies urinaires, telles que la gravelle, la pierre, le catarrhe de vessie. Elles ont donc des propriétés thérapeutiques.

« Les eaux de la source du jardin de Mme veuve Blanc-Pellissier ayant la même composition chimique doivent avoir les mêmes propriétés thérapeutiques... Si l'on objecte que l'eau de cette source sert à l'alimentation de la ville, nous ferons remarquer qu'une partie de l'eau de la source de Cachat a été aussi utilisée pendant un certain temps par la ville d'Évian comme eau potable. »

« Heureux habitants d'Évian ! »

O fortunatos nimiùm sua si bona nôrint !

Alors que tant de pauvres mortels viennent à grands frais chercher dans nos stations thermales un soulagement à leurs maux, eux font gratis une cure perpétuelle : il n'est pas jusqu'à la marmite du ménage et au pavé des rues qui ne soient lavés et traités à l'eau minérale. Cristallisation bienfaisante qui conserve hommes et choses et qui les rendrait immortels, si les académiciens seuls ne jouissaient du privilège de l'immortalité.....

Vous me permettrez maintenant, Messieurs, après cette incursion sur un terrain où la fantaisie a cheminé de pair avec la science, de jeter, pour rester fidèle au double point de vue auquel j'entends me placer, un rapide coup d'œil sur les applications industrielles de ces eaux si justement renommées. Vous parler de leurs applications, c'est vous raconter leur histoire et, bien qu'elle vous soit connue, peut-être ne sera-t-il pas sans intérêt d'en définir nettement les origines et les phases à l'aide des documents la plupart inédits ou ignorés que les circonstances ont mis entre mes mains.

Le nom d'*Aquianum* sous lequel Évian était connu à l'époque romaine, semblerait indiquer que les conquérants du monde avaient découvert et utilisé l'efficacité de ses eaux. Toutefois on ne trouve dans le pays aucune trace de thermes, et il faut venir jusqu'en l'an 1769 de notre ère pour rencontrer les premières manifestations de cette efficacité.

La chronique raconte qu'un gentilhomme de l'Auvergne, M. de Lessert, souffrant d'une gravelle opiniâtre et de coliques néphrétiques, était venu prendre les eaux d'Amphion. De là, il allait souvent se promener à Évian. Un jour, passant près d'une petite fontaine le long du mur de clôture du jardin Cachat, il eut la curiosité d'en goûter et, la trouvant fraîche, limpide et douce, il en but à chaque promenade. Au bout de quelques jours, il s'aperçut d'une amélioration notable dans l'état de sa santé. Il l'attribua à l'eau d'Évian ; ce n'était point une illusion de malade, car, ayant repris des eaux d'Amphion, il éprouva une rechute dont il ne put se relever qu'en revenant à l'usage soutenu de la source Cachat.

M. de Lessert, émerveillé de sa propre cure, en fit part au docteur Tissot, de Lausanne, qui soumit la source à l'analyse du savant chimiste Titleman ; celui-ci y reconnut un principe alcalin. D'autres analyses furent faites par des spécialistes de Lyon et de Genève ; et les médecins commencèrent, dès les premières années de notre siècle, à envoyer quelques malades à Évian.

Mais une foule d'obstacles empêchaient la ville de bénéficier d'une façon sérieuse de ce nouvel élément de richesse.

Il y manquait un établissement thermal, où l'eau pût être administrée, soit en boissons, soit en bains, d'une façon convenable.

On n'avait point pratiqué de captages suffisants pour assurer à la consommation d'une clientèle nombreuse, un débit d'eau suffisant. La clientèle ne dépassant pas, du reste, dans cette première période, quelques unités de baigneurs, la ville en était encore réduite à une ou deux hôtelleries primitives, où l'étranger ne rencontrait ni les soins, ni le confort, ni même la propreté nécessaires.

Évian thermal, en un mot, n'était point né. Il fallait, pour le faire sortir de terre, le souffle et la main d'un industriel audacieux et habile.

Mais, ici encore, l'œuvre n'était pas sans difficultés ; malgré les attraits enchanteurs de cette nature merveilleuse

au milieu de laquelle Évian s'épanouit et qui lui ont fait
appliquer ce que Montesquieu écrivait à l'abbé de Guasco
du séjour de La Brède, que « l'air, les raisins, les bords
du lac Léman et l'humeur des habitants y sont d'excellents
antidotes contre la mélancolie, » il était incontestable, —
et l'événement l'a surabondamment démontré, — qu'une
pareille entreprise présentait, surtout à ses débuts, des
chances redoutables de langueur et d'insuccès ; cette pers-
pective peu rassurante réduisait à l'inaction la municipalité
et les habitants, qui n'avaient, du reste, ni comme être
collectif, ni comme individus, les capitaux nécessaires pour
engager une affaire de cette importance.

Ce fut un étranger, M. François Fauconnet, citoyen
suisse, habitant de Genève, qui prit cette initiative hardie.
Si, en se mettant à la tête d'une société pour l'exploitation
des eaux minérales, il courait personnellement au-devant
de risques pleins de menaces, il rendait et il a effectivement
rendu à la ville d'Évian le plus éminent des services ; aussi
allons-nous voir que celle-ci, comprenant combien ses intérêts étaient intimement liés à cette idée féconde, fit alors
tout ce qui était en son pouvoir pour la favoriser, en déterminer l'essor et en assurer l'avenir.

En sa qualité d'étranger, M. François Fauconnet ne pouvait acquérir en Savoie sans la permission royale ; il fut
autorisé par lettres-patentes du roi Charles-Félix données à
Turin le 20 janvier 1826, à acquérir la source, le jardin
et les immeubles adjacents appartenant au sieur Gabriel
Cachat.

Par acte du 11 mai 1826, Joudon notaire, la ville d'Évian
lui vendit une place servant de promenade publique, desti-

née à recevoir le futur établissement, et lui concéda à perpétuité tous les droits qu'elle pouvait avoir sur les eaux minérales dites *savonneuses*, de même que sur celles qui provenaient des filtrations sortant du fonds Cachat. Cette vente fut approuvée par lettres-patentes du 21 juin 1826.

M. Fauconnet, ainsi en règle avec l'administration, travailla avec une énergie et une activité sans pareille à la constitution d'une Société sous la raison de *Compagnie des Eaux minérales d'Évian*. Les statuts furent approuvés par lettres-patentes du 11 juillet 1826. Il fit alors appel aux capitalistes à l'aide de cet intelligent et appétissant coup de tam-tam, qui, dans l'espèce, n'était pas le boniment du charlatan, mais la profession de foi convaincue et justifiée de l'inventeur :

« Les Eaux minérales d'Évian, connues dans le public sous le nom d'Eaux savonneuses de Cachat, jouissent depuis plusieurs années d'une célébrité justement méritée. L'analyse qu'en ont faite à diverses époques MM. les professeurs Tingry et Peschier, de Genève, n'ont laissé aucun doute sur les parties qui les composent, et les nombreuses cures qu'elles ont opérées en attestent l'efficacité pour diverses maladies et particulièrement pour celles qui affectent les voies urinaires, telles que la gravelle, la pierre et le catarrhe de vessie. La boisson n'en est point désagréable et leurs qualités ne s'altèrent nullement par le transport ; elles peuvent même se conserver plusieurs mois, mises en bouteilles ou en tonneaux.

« On regrettait que ces eaux si éminemment utiles au soulagement de l'humanité ne fussent pas plus répandues. On regrettait encore qu'un local mieux distribué ne fut pas offert aux malades qui auraient pu, en se rendant sur les

lieux où coule la source, y trouver le double avantage de
la guérison et de la commodité. La ville d'Évian, traversée
par la route du Simplon, offrant tout ce qui peut être dé-
siré pour un établissement de bains et la boisson des eaux
minérales ; l'urbanité de ses habitants, la beauté du site,
la douceur du climat, le voisinage du lac Léman, les pro-
menades faciles et agréables qui l'environnent, enfin la
proximité de Genève, Lausanne, Vevey et celle des eaux
d'Amphion à un mille de distance, sont autant de motifs
en faveur de cette charmante contrée. A ces avantages, se
joint encore celui de la facilité des communications ; de très
bonnes voitures partent tous les jours d'Évian pour Genève
et le Valais. Il est en outre probable que les bateaux à vapeur établis sur le lac Léman feront le service d'Évian.

« M. François Fauconnet, de Genève, pénétré des avantages et de l'utilité qui doivent résulter de l'amélioration
des localités de cet établissement et de la possibilité de lui
donner une extension favorable et lucrative, tant sous le
rapport des bains que sur celui de la vente des eaux à
l'étranger, en en établissant des dépôts dans les principales
villes, a fait l'acquisition des fonds Cachat où se trouve la
source, ainsi que des diverses pièces de terre contiguës,
et il se propose d'organiser cet établissement sur un nou-
veau plan, propre à satisfaire le double but de la guérison
des malades et de l'agrément du séjour. »

Mais Fauconnet avait compté sans ce petit esprit, sans
ces vues étroites, égoïstes et intéressées qui, trop souvent,
entravent le développement des œuvres d'utilité publique.
Il n'y avait pas à Évian de disciple de saint Crépin ayant
pignon sur rue qui ne réclamât des lingots d'or pour prix
de son échoppe. Fauconnet confiait alors ses vicissitudes

au marquis Bens de Cavour, le père du célèbre homme d'État, personnage important de la cour de Sardaigne, qui l'avait puissamment secondé dans ses démarches auprès du gouvernement et qui figurait en tête de ses actionnaires.

Dans une lettre du 12 septembre 1826, Fauconnet écrivait à son haut protecteur :

« ..... Il est bien que je ne vous laisse pas ignorer que je rencontrerai beaucoup d'entraves de la part des habitants d'Évian... Ces messieurs, tout en reconnaissant les avantages incontestables qui doivent résulter pour eux de mon établissement, ne font rien pour me seconder que des adresses à Son Excellence, et s'il est question du plus léger sacrifice, je les vois tous se récrier et c'est à celui qui pourra me faire payer cent francs ce qui ne vaut que cent sols. »

Malgré ces obstacles, Fauconnet avait tenu bon. L'établissement thermal était sorti de terre : il comprenait deux corps de bâtiments reliés entre eux par une cour, l'un affecté au service des bains, l'autre, au logement des étrangers... Mais, au bout de quelques années, fatigué de la sourde opposition qui lui est faite et des difficultés pécuniaires qu'il rencontre, Fauconnet abandonne la partie et résigne ses fonctions de directeur de la Compagnie.

Celle-ci entre dès lors dans une phase difficile, qui aboutit à la vente aux enchères de tous ses immeubles et à sa dissolution par acte du 7 juillet 1843, Bonnevie notaire.

Un groupe de capitalistes genevois se rend adjudicataire de l'établissement pour le prix dérisoire de 60,000 livres, et l'exploite en communauté jusqu'au 7 décembre 1858,

A cette dernière date, une Société anonyme est constituée
sous la raison sociale de « Société anonyme des eaux minérales de Cachat, à Évian. »

Les statuts sont approuvés par ordonnance royale du 28
janvier 1859. Le fonds social est fixé à la somme de 400,000
francs.

Dix ans après l'annexion, par décret du 1er février 1870,
elle est autorisée à prendre la désignation de « Société des
eaux minérales d'Évian-les-Bains. » Le fonds social est porté
à 800,000 francs. Elle est de plus autorisée à contracter
un emprunt de 400,000 francs.

C'est à cette Société nouvelle, plus vigoureuse que l'an-
cienne, héritière d'un programme que Fauconnet avait été
impuissant à réaliser, partageant ainsi le sort de tant d'ini-
tiateurs, — c'est à elle, c'est à la direction intelligente qui
lui fut imprimée notamment par son président, M. Vignier,
de Genève, que la station d'Évian-les-Bains doit en grande
partie d'être sortie de l'obscurité et de conquérir la place
qu'elle occupe aujourd'hui dans le monde thermal.

Dès 1858, elle n'a reculé devant aucun sacrifice pour
concentrer entre ses mains tous les filets d'eau minérale
qui pouvaient exister à Évian et pour augmenter ainsi le
volume d'eau disponible.

En 1860, un hôtel de premier ordre est construit, à mi-
colline, sur la partie supérieure du jardin, dans une admirable situation.

La source Cachat étant d'un débit tout à fait insuffisant
(8 litres à la minute), la société achète de M. Pierre Guillot,
par acte du 8 août 1859, Maret notaire, la source dite
Source Guillot. Cette source, alors d'un débit de 20 litres

environ à la minute, fut soumise à des travaux de captage :
on la creusa avec des outils artésiens jusqu'à la profondeur
d'environ 40 pieds. La nature du terrain, composée uni-
quement de cailloux roulés, ne permit pas de l'atteindre à
son origine. Son débit n'en fut pas moins porté à 80 litres
à la minute ; l'eau put être amenée sous la terrasse du
nouvel hôtel, dans un vaste réservoir construit à cet effet
et de là, distribuée pour le service des bains.

En 1868, par acte du 2 juin, Andrier notaire, acquisition
de l'établissement appartenant à la Société Bonnevie tom-
bée en déconfiture.

Le 31 octobre 1869, achat de la propriété Montmasson·
Une source importante y sourd : c'est la *Source Montmasson*. Elle a été dégagée des pierres et du sable qui l'encom-
braient à sa sortie. Son débit actuel est de 120 litres à la
minute. L'eau en provenant a été amenée dans le jardin de
l'établissement, où a été construit un vaste réservoir contenant 120,000 litres ; elle sert à alimenter l'établissement
des douches.

En 1869, des travaux de découverte entrepris dans le
périmètre de la source Cachat amènent la découverte de la
source Vignier, qui a un caractère alcalin et ferrugineux
plus accentué que ses congénères, et des *Nouvelles Sources*,
soit de différents griffons qui, réunis dans un réservoir,
donnent ensemble 30 litres à la minute et qui servirent
dès lors à l'alimentation des baignoires du rez-de-chaussée.

C'est à cette époque que le premier étage des bains qui,
jusque-là, avait servi de logement pour les baigneurs, fut
converti en cabinet de bains spécialement destinés aux
dames. L'entrée de l'établissement avait lieu jusqu'alors,
par la rue des Bains : la Société fit construire un portail et
un bel escalier donnant sur la rue inférieure.

C'est aussi à cette époque que le bâtiment construit par M. Fauconnet pour servir d'hôtel a été transformé en un établissement de douches, installé par les soins de l'habile ingénieur François, inspecteur général des mines. Tous les appareils de douches ont été construits par la maison Charles, de Paris.

Enfin, l'hôtel construit en 1859 étant devenu insuffisant, la Société prit la résolution de le doubler par une construction annexe et par la création d'une salle à manger pouvant contenir deux cents personnes.

Les constructions commencent au printemps 1870 sur le terrain acquis de M. Pognient ; malheureusement les événements désastreux de cette période néfaste de notre histoire vinrent jeter la perturbation dans les affaires. Le comité jugea prudent d'arrêter les travaux déjà en cours d'exécution.

Depuis lors, la Société a eu à lutter contre le ralentissement général des affaires, contre l'augmentation des impôts, le renchérissement de toutes les choses nécessaires à la vie et surtout contre une série d'années pluvieuses qui ont compromis sérieusement le succès de saisons dont la durée est forcément très limitée.

La Société n'en a pas moins continué l'exécution de son programme : se développer, s'étendre, accroître incessamment le volume d'eau minérale pour répondre à l'accroissement de la consommation et de la clientèle.

Sa dernière acquisition est celle du 4 février 1870 ; c'est la vente faite par Mᵐᵉ Blanc-Pellissier du terrain sur lequel sourd la source du Coffre. Le terrain a 8 ares de contenance : il est vendu 9,000 fr. Ce seul chiffre donne une idée saisissante de la plus-value de la propriété foncière obtenue par le seul effet de la prospérité toujours croissante du pays.

En résumé, cette froide énumération le prouve, il y a eu là pendant de longues années des sacrifices énormes, correspondant à des risques fort graves : achats de terrains au poids de l'or, acquisition de sources appartenant à des particuliers, fouilles et captages coûteux autant que difficiles, emprunts et accroissements successifs du capital social, frais énormes de publicité, constructions monumentales, création de parcs, remaniement complet de l'établissement thermal, mis sur le pied des plus confortables qui soient en Europe; rien n'a été négligé; mais aussi quels ont été les résultats de ces *semailles* ?

En 1844, le bilan de la Société s'élevait à 99,346 fr. 31 c.
En 1860, à 420,443 91.
En 1870, à 794,448 59.
En 1875, à 1,054,751 29.

En 1845, il était débité à la buvette,   136 litres
                                à l'embouteillage, 7,581
                                en bains,   2,703
                                en douches,   260
En 1860, ces chiffres s'élevaient :
                    pour la buvette,   à   269
                    pour l'embouteillage, à 19,968
                    pour les bains,   à   5,400
                    pour les douches,   à   635
En 1875, les mêmes chiffres montaient :
                    pour la buvette,   à   629
                    pour l'embouteillage, à 99,104
                    pour les bains,   à   9,863
                    pour les douches,   à   2,883

Cette progression n'a fait que s'accentuer dès lors. Aujourd'hui, la Société des eaux minérales n'est plus seule à exploiter. Il s'est, en effet, produit à Évian le phénomène, qui est le plus éclatant critérium de la prospérité d'une station thermale : c'est que si, dans le début, un entrepreneur ou un groupe d'actionnaires audacieux a été seul à la peine, la concurrence lève la tête et fait son entrée dans la place du jour où l'opération a réussi, est classée et n'a plus de risques à courir. La ville d'Évian elle-même a obéi à cette inévitable tendance et, en louant la source du Lavoir à un entrepreneur, après le gain du procès où la Société défendit vainement devant la Cour ce qu'elle croyait être un monopole et un privilège d'exploitation, la ville a provoqué la création d'un nouvel établissement thermal auquel est adjoint un Casino ménagé sur les bords du lac dans l'ancien château de Blonay.

Évian peut maintenant voguer à pleines voiles vers les horizons brillants de l'avenir. A la fois desservie par les bateaux à vapeur qui sillonnent le lac de Genève et par la voie ferrée qui en longe les rives, faisant face à Lausanne, à Montreux, à Villeneuve, offrant à ses visiteurs le remède qui répare, l'air qui purifie, les aspects qui enchantent, les distractions qui retiennent et le confortable qui, de nos jours, est l'adjuvant nécessaire de la nature, Évian est désormais classée parmi les premières stations thermales de l'Europe.

Son histoire est la preuve éloquente de ce que peut l'industrie dans un pays tel que le nôtre et, pour nous élever en la terminant au-dessus du terre à terre des intérêts matériels et des spéculations financières, elle nous prouve l'admirable équilibre et le système de compensation que la

Providence a introduits partout. Là où la terre est parcimonieuse, c'est l'eau qui est le pain de chaque jour et qui fait l'épargne du lendemain.

II

Ne faut-il pas ajouter, Messieurs, que là où la terre est inféconde, c'est la pierre qui nourrit?

Vous avez comme moi parcouru cette route inimitable qui court d'Évian à Saint-Gingolph, entre les eaux bleues du lac et le gigantesque écran incliné, formé par la paroi presque verticale de la montagne, à peine capitonnée à sa base par un bourrelet de terre arable et de matières calcaires en dissolution.

Là se succèdent, plus resserrés entre le lac et la montagne, à mesure que l'on s'avance, les délicieux villages de Lugrin, de la Tour-Ronde, et ce propret *villanet* de Meillerie, avec ses maisons blanches, ses galeries garnies de pampres, ses filets de pêcheur étalés sur le sable de la grève, et, au-dessus de ce gracieux et champêtre crayon, la montagne qui se dresse perpendiculairement, comme une masse prête à s'écrouler.

Eh bien! ces deux éléments entre lesquels l'homme est ici enfermé, le lac sans fond, la montagne abrupte, ils lui tiennent lieu de champ, de pré, de vigne : dans les entrailles du lac, ses filets vont chercher le poisson qui alimente les marchés de Genève, de Lausanne et même de Lyon et de toutes les régions avoisinantes. Dans les entrailles de la montagne, ses fourneaux de mine, son ciseau ou sa pioche vont extraire la pierre de taille, la chaux hydraulique et le ciment, ou tout au moins les matières premières qui servent à créer ces produits.

C'est spécialement à mi-chemin entre Évian et Saint-Gingolph, à une centaine de mètres en avant de Meillerie, au-dessus et à plusieurs centaines de mètres du côté de Saint-Gingolph, que se dresse, comme une avancée géante projetée vers le lac, ce massif d'escarpements dont la composition géologique a été récemment étudiée avec le plus grand soin dans des travaux que je vais résumer.

En procédant de bas en haut, on peut y distinguer six étages différents, parfaitement tranchés et d'une régularité que troublent à peine quelques accidents locaux de minime importance :

Les marnes noires ;

Le calcaire gris bleu avec veines blanches de carbonate de chaux spathique ;

Le calcaire blanc jaunâtre ;

Le calcaire siliceux noirâtre ;

Un banc de calcaire spathique et légèrement dolomitique;

Le calcaire siliceux dur ;

Un deuxième banc de calcaire spathique et dolomitique ;

Enfin le calcaire bleu.

Les marnes noires feuilletées, qui constituent comme le rez-de-chaussée de cet énorme édifice, sont caractérisées par leur friabilité et par la présence dans quelques bancs de concrétions noduleuses dont la grosseur atteint et dépasse quelquefois la tête d'un homme. A l'œil, elles se présentent tout d'abord comme dressées presque verticalement au-dessus de la route ; à 30 mètres environ plus haut, elles s'infléchissent légèrement. Plus haut encore, à 70 mètres à

peu près, les bancs subissent une seconde inflexion beaucoup plus brusque que la première ; au lieu de continuer à
plonger vers le lac, ils plongent cette fois vers la montagne
et se continuent avec la même stratification jusqu'au pied
des grands escarpements presque verticaux qui les do-
minent.

La puissance normale de ces marnes noires est, d'après
M. Kuss, de 60 mètres au moins.

Au-dessus vient une assise de 20 mètres environ d'épais-
seur ; elle est composée de calcaires d'une couleur gris
bleuâtre, tirant souvent sur le brun, traversés par un grand
nombre de veinules blanches de carbonate de chaux cristallisé. Du côté de l'est, ces calcaires affleurent à la base des
escarpements, l'affleurement peut se suivre jusqu'au ravin
du Reboux ; plus à l'ouest, il est masqué par des blocs qui
recouvrent toute la partie inférieure de la montagne. Un
échantillon de ce calcaire, analysé par M. Kuss, a donné
comme résultat sur 100 parties :

Carbonate de chaux......... 95.7
Résidu insoluble 4.3

Le résidu insoluble était principalement siliceux.

Voici le troisième étage. C'est une assise de 2 à 4 mètres
de puissance d'un calcaire blanc jaunâtre, sans veinules de
carbonate de chaux cristallisé, contenant 3 0/0 seulement
de résidu insoluble dans les acides. Cette assise forme un
horizon très net, très homogène, tranchant bien d'une
part sur les calcaires gris sous-jacents, de l'autre sur les
calcaires noirs qui la recouvrent.

Au-dessus de cet entresol, qui, au point de vue de la

composition chimique et des propriétés industrielles, pourrait sans inconvénient être confondu avec le deuxième étage, vient une série de bancs ayant ensemble 10 mètres environ de puissance totale, d'un calcaire foncé, presque noir, traversé encore par quelques veines de carbonate de chaux, mais se distinguant nettement par son aspect et par sa composition des calcaires précédents. L'analyse chimique a ici produit un résidu insoluble de 25,35 0/0 ; ce calcaire est, en conséquence, formé de 74,65 0/0 de carbonate de chaux et de 25,35 0/0 de silice, argile, etc.

Puis arrive un petit banc de 0,60 c. de puissance, d'un calcaire cristallin, d'une couleur jaune, grisâtre, qui a tout l'aspect de la dolomie cristalline, mais qui en diffère pourtant d'une manière sensible. L'analyse chimique fait effectivement ressortir ici sur 100 parties 85,70 de carbonate de chaux ; 11,45 de carbonate de magnésie et 2,25 de résidu insoluble ; tandis que la dolomie pure contient 54,21 0/0 de carbonate de chaux et 45,79 0/0 de carbonate de magnésie.

Plus haut encore, et immédiatement au-dessus, voici une tranche épaisse de calcaire siliceux dur, d'une puissance totale de 27 mètres environ. Ces bancs consistent en calcaires noirs ou bleus-noirs, très durs, à cassure rugueuse, fortement imprégnés de silice et contenant fréquemment des rognons isolés ou des traînées de silex noirs ; quelques veinules de carbonate de chaux traversent la roche que l'on désigne généralement dans le pays sous le nom de *couches à pierre à feu.*

De la route du Simplon et mieux encore du lac, à quelque distance du bord, l'affleurement de ce calcaire siliceux dur forme à la montagne comme une écharpe très nette et fortement saillante.

Vers l'Est, cette écharpe s'élève jusque près du sommet des escarpements; elle s'abaisse ensuite en pente douce vers l'Ouest pour disparaître plus bas sous les éboulis superficiels.

Au-dessus du calcaire à silex vient une seconde assise, de 1 mètre 50 de puissance, d'un calcaire spathique très analogue à celui du premier banc de même nature, mais peut-être légèrement plus siliceux.

Enfin, toute la partie supérieure des escarpements sur 140 mètres environ de hauteur visible est formée par des bancs de 0,20 à 1 mètre de puissance d'un calcaire bleu à cassure rugueuse, contenant parfois encore des rognons siliceux, mais habituellement à peu près homogène. Ce calcaire appartient au terrain jurassique inférieur, dit aussi *Dogger*, qui se prolonge en arrière jusqu'au plateau de Lajoui-Thollon, où il est recouvert d'erratiques et qui forme encore plus loin la base des rochers de Mémise.

En résumé, le massif de Meillerie est formé de terrains *jurassique inférieur et liasique*, constituant un pli *synclinal*, soit en fond de bateau ou en berceau, dirigé du Sud-Ouest au Nord-Est et coupé obliquement par le rivage du lac Léman, et il peut se diviser géologiquement en quatre grandes couches bien distinctes :

A la base, une zone de marnes noires ;

Au-dessus, une zone de calcaires gris ou jaunâtres, peu siliceux ;

Plus haut, une zone de calcaires siliceux ;

A la partie supérieure, une zone de calcaires bleus exploités pour moellons.

Ces caractères nettement établis par les travaux concordants des savants géologues qui ont eu à les déterminer, vous me permettrez, Messieurs, de vous indiquer à grands traits les applications industrielles faites jusqu'à ce jour des matières premières contenues dans ce massif.

Ici, l'observation accessible au profane reprend ses droits et sa liberté d'allures et je n'ai qu'à signaler ce dont chacun peut se rendre compte à l'œil nu, en parcourant cette région si intéressante de notre vieille province du Chablais.

Le massif de Meillerie est exploité par trois grands groupes d'industrie :

La fabrication de la chaux,

La fabrication du ciment artificiel,

L'extraction de pierres à bâtir.

Dans le premier groupe, il faut ranger les fours à chaux et les carrières du Maupas, appartenant à M. Pinget, banquier à Thonon. Cet industriel possède deux carrières, l'une, la carrière Est, ouverte dans les calcaires compacts du lias inférieur, dès longtemps exploités pour chaux grasses, pierres de maçonnerie et macadam ; l'autre, la carrière Ouest, dont la composition géologique a fait l'objet d'une étude spéciale de M. le professeur Renevier.

A la base, des bancs de calcaire dolomitique blanchâtre, alternant avec des couches marneuses, analogues à ceux des gorges de la Dranse, et généralement attribués au *système triasique* dont ils forment la partie supérieure.

Par-dessus, un horizon de marnes feuilletées, noirâtres ou verdâtres, avec quelques alternances de petits bancs calcaires, surtout vers le haut.

Plus haut, des bancs de calcaires marneux foncés contenant des fossiles *(aircula contorta , ostrea marcignyana, terebratula gregaria,* etc.), ce qui démontre qu'ils appartiennent à l'*étage rhétien* formant la limite entre le *trias* et le *lias*.

Au-dessus enfin, en bancs plus épais, presque verticaux, les calcaires compacts foncés du lias inférieur composant la première carrière.

Le calcaire de ces carrières, analysé par M. le professeur Bischoff, de Lausanne, a donné les résultats suivants :

Perte à la cuisson de 35,80 0/0 consistant en acide carbonique, eau et matière bitumineuse.

Résidu composé sur 100 parties :

En chaux...............	de 53,15
En magnésie..........	de 6,61
En silice.............	de 23,18
En alumine...........	de 9,04
En oxyde de fer......	de 3,45
En potasse...........	de 1,64
En soude.............	de 6,63
En acide phosphorique.	de 0,30

Les calcaires du Maupas sont donc susceptibles de produire une chaux bien hydraulique et même, avec addition de matière argileuse, un bon ciment.

Les mêmes caractères se retrouvent plus accentués encore dans les carrières de calcaires de la Chéniaz sur Saint-Gingolph, exploitées à l'usine de la Chéniaz par la Société Piccioti et Cie.

Cette Société est propriétaire ou concessionnaire de deux groupes de gisements ou de carrières.

Des carrières de chaux, soit des bancs de calcaires compacts et de marnes argilo-calcaires provenant de la montagne de Blanchard, le *Tauredunum* des anciens, dont la chute, qui eut lieu dans le bassin du Rhône en l'année 563, produisit les carrières à chaux dénommées la Chéniaz, et qui sont formées par l'immense alluvion s'étendant en talus de la montagne au lac.

Des carrières de pierre à ciment, soit des bancs de marnes argileuses et légèrement bitumineuses et friables, susceptibles de produire et produisant effectivement, par leur mélange à diverses doses avec la chaux, soit la chaux hydraulique, soit le produit connu sous le nom de *ciment artificiel* Vicat ou Portland.

La Société a ainsi l'avantage d'avoir sous sa main, réunis dans un périmètre rapproché, presque tous les degrés de l'échelle des calcaires siliceux ; depuis les marnes légèrement bitumineuses et friables, se dilatant facilement à l'air, dont la teneur en argile varie de 45 à 50 0/0 et au delà, contiguës à des calcaires plus compacts contenant de 15 à 57 0/0 d'argile, recouverts eux-mêmes par d'autres plus pauvres de 4 à 6 0/0 d'argile. Il ne manque ainsi à la série des calcaires que ceux dont la teneur en argile varie de 21 à 25 0/0 et qui constituent la pierre à ciment naturel.

Les calcaires marneux de la Chéniaz, analysés par M. de Lagrange, professeur de chimie à Paris, ont donné les résultats suivants :

Argile	32,50 0/0	
Chaux	34	
Peroxyde de fer . . .	2,50	99,70
Eau de combinaison	4,20	
Acide carbonique . . .	26,50	

L'usine de la Chéniaz est installée sur le pied des meilleurs établissements de ce genre, dans une situation très favorable, au bord du lac dont elle n'est séparée que par un vaste quai d'embarquement et en contre-bas de la route du Simplon.

Elle comporte deux bâtiments distincts.

Dans l'un sont installés les fours, au nombre de trois, deux grands fours, destinés, l'un, à la cuisson de la chaux hydraulique, l'autre, à celle du ciment, et un petit, pour les expérimentations et épurations de matériaux. Un hangar affecté à l'extinction des chaux est attigu à ce premier corps de bâtiment.

Dans le corps principal sont installés l'entrepôt des calcaires cuits et éteints, la bluterie et les meules, soit les agents de broyage; les silos, où les calcaires pulvérisés sont rejetés au moyen d'élévateurs et mis en fermentation; la turbine qui actionne tous les artifices et le malaxeur à l'aide duquel s'opèrent les gâchages.

La force motrice est fournie par un ruisseau d'allure torrentielle, qui porte le nom expressif de ruisseau des *Trois Loups* et qui alimente l'usine sous une chute de 45 mètres. Cette chute pourrait facilement être augmentée par un simple changement dans la hauteur du puits de la prise d'eau. Le débit moyen de ce cours d'eau, qui est pendant les trois quarts de l'année de 150 à 200 litres, ne descend pas par les plus basses eaux au-dessous de 75 litres par seconde.

L'usine de la Chéniaz se trouve donc dans d'excellentes conditions pour créer sur le littoral du lac Léman une industrie d'une véritable importance. Elle est sur la zone frontière, au centre d'une région complètement dépourvue d'établissements similaires, ce qui lui assure un débouché permanent sur la Suisse, dont les cantons, où se fait une grande consommation de produits hydrauliques et céramiques, sont aujourd'hui tributaires des usines de l'Isère.

Tributaires, les cantons de Genève, de Vaud et du Valais l'ont été et le seront longtemps encore de Meillerie pour les pierres à bâtir. C'est là l'industrie collective et traditionnelle des habitants.

C'est la partie supérieure de ces escarpements dont nous avons décrit la composition géologique, qui fournit depuis des siècles aux besoins de cette industrie. Il y a là un très grand nombre de carrières, les unes appartenant à des communes ou à des sociétés, d'autres, à des particuliers : les plus importantes sont celles de la Balme et de la Talette, propriété des communes de Meillerie et de Thollon, celles dites du Locum, de Jean Blanc et des Sache.

La disposition des lieux et des couches de formation permet aux carriers de Meillerie d'exploiter la roche d'une manière très économique. Ils pratiquent sur différents points d'attaque de petites galeries, creusent dans l'intérieur du massif des chambres que l'on remplit de 1,000 à 1,500 kilogrammes de poudre. Quand la mine éclate, des pans entiers de la montagne, soulevés et détachés, viennent, avec un bruit formidable, rouler en blocs énormes sur le plancher de la carrière où ils sont débités. Un de ces blocs, mis aux enchères, a été adjugé en avril 1882 pour la somme de 17,500 francs.

Il y quelques années, un des carriers les plus connus de Meillerie, Martin Vadi, pratiqua dans les carrières de la Balme une mine formée de quatre fourneaux chargés ensemble de 4,000 kilogrammes de poudre, dont les résultats fûrent plus considérables encore. La roche détachée fournit aux besoins de la demande pendant trois années consécutives, ce qui permet d'en évaluer approximativement le volume à 100,000 mètres cubes.

Les quartiers de roche ainsi extraits dans des conditions particulièrement avantageuses sont réduits en moellons ; et grâce à la proximité du lac ils peuvent être cédés, rendus sous vergues, de 2 fr. 50 à 3 fr. le mètre cube.

Bientôt, Messieurs, un chemin de fer, dont les souterrains sont déjà percés, traversera ces carrières, et la locomotive dominant la route du Simplon et le lac Léman s'enfoncera dans les flancs de la montagne.

Ce grand bienfait ne compromettra-t-il pas dans une certaine mesure la libre exploitation de ces diverses industries? N'immobilisera-t-il pas, tout au moins dans une certaine zone, des carrières qui ont une valeur proportionnée à la quantité et à la qualité des matières premières qu'elles contiennent? Les fourneaux de mine de Martin Vadi pourront-ils continuer à abattre des pans de montagne alors que la voie ferrée s'avancera en tunnel sous le plancher de la carrière ?

Telles étaient les graves et délicates questions aux débats desquelles j'ai été récemment mêlé et sur lesquelles le jury a dit son dernier mot... Mais je n'ai pas, Messieurs, à aborder un pareil terrain et je me hâte de terminer une causerie, dont les proportions inquiétantes tendraient, pour votre malheur, à transformer des académiciens en jurés, condamnés aux travaux forcés d'une plaidoirie de trois heures.

Mon but modeste et tout patriotique sera du moins atteint si j'ai pu sauver de l'oubli des documents qui méritent de survivre à l'éclat éphémère d'un emploi passager, et si, ajoutant un chapitre à la *Savoie industrielle* de notre confrère, M. Victor Barbier, j'ai pu attirer l'attention sur les richesses minérales de notre sol et par là même non seulement y attirer l'étranger, mais surtout y retenir l'indigène.

Pourquoi aller chercher la fortune au-delà des mers alors qu'on la tient sous sa main dans les flancs de la montagne natale ?

SÉANCE DU 8 FÉVRIER 1884

RAPPORT DE LA COMMISSION

chargée d'examiner

la monographie présentée par M. l'avocat François DESCOSTES

MESSIEURS,

Un écrit, comme un discours, de notre éminent secrétaire perpétuel, M. l'avocat F. Descostes, est toujours une bonne fortune pour tous ceux qui aiment le savoir uni au bien dire.

Cependant, le Mémoire qui vous a été lu dans la dernière séance, est plus particulièrement intéressant pour les deux localités de la Savoie, Évian-les-Bains et Meillerie, dont il décrit les richesses minérales et l'activité industrielle.

A ce propos, nous ferons d'abord remarquer, avec l'auteur, l'admirable équilibre et le système de compensation que la Providence a introduits dans les différentes contrées de notre pays : » Là où la terre est parcimonieuse, dit-il, c'est l'eau qui est le pain de chaque jour et qui fait l'épar-

gne du lendemain,.... et là, ajoute-t-il, où la terre est inféconde, c'est la pierre qui nourrit. » Rien n'est plus vrai!

Évian, comme on sait, forme, à l'extrémité supérieure
du bas Chablais, le pied du gracieux amphithéâtre qui
s'étend parallèlement au lac de Genève et qui s'appuie au
massif des montagnes composé des rochers de Meillerie,
des Dents d'Oche et de la Cornette de Bise. On l'appelait
jadis *Aquianum*. Pourquoi? Probablement pour un autre
motif que celui d'une station balnéaire, sous les Romains;
rien n'est venu jusqu'ici prouver qu'il y ait eu alors, en
ce lieu, un de ces établissements que les fiers conquérants avaient coutume de créer sur leur passage.

Quoi qu'il en soit, ce n'est que de la fin du siècle dernier
(1769) que l'efficacité de ses eaux nous est connue, et du
commencement de celui-ci qu'après de longs et pénibles
efforts elle est arrivée au degré de prospérité où elle se
trouve aujourd'hui.

Bientôt après la cure surprenante du gentilhomme au-
vergnat, M. de Lessert, on vit accourir à la source Cachat
une foule d'étrangers, dont quelques-uns étaient de la plus
haute distinction. Nous citerons nous-même, parmi ceux-ci,
les princes de la famille royale de Sardaigne, le duc et la
duchesse de Chablais qui, dans l'espace d'environ quinze
ans, — de 1770 à 1785, — se rendirent à plusieurs reprises
en ce lieu fortuné des bords du lac Léman. Il paraît même
que certains désordres, accompagnant d'ordinaire ces sor-
tes d'affluences cosmopolites, n'avaient pas manqué de s'y
produire. En 1787, M. Viollat, second syndic de la commune, écrivait à l'intendant général du duché de Savoie
qu'un individu de Genève louait chaque année, à Évian,
une maison, dans laquelle il tenait des jeux publics « qui
faisaient beaucoup de mal », et qu'en outre, les nombreux

domestiques protestants des deux sexes, qui venaient à la suite des gens riches, « démoralisaient le pays ». [1]

Aujourd'hui, Évian n'est peut-être pas exempt de ces désordres ; mais, en définitive, c'est une des stations thermales les plus renommées et j'ajouterai les mieux fréquentées de l'Europe, « offrant aux visiteurs, comme le dit justement le Mémoire, le remède qui répare, l'air qui purifie, les aspects qui enchantent, les distractions qui retiennent et le confortable qui, de nos jours, est devenu l'adjuvant nécessaire de la nature ».

On y compte, réparties en trois groupes et situées sur une ligne droite allant de l'Est à l'Ouest, plusieurs sources abondantes exploitées pour l'usage des malades, sans compter un grand nombre de filets laissés sans emploi.

Les principales de ces sources sont celles de Cachat, qui fut remarquée la première, de Bonnevie, de Montmasson, de Guillot, de Vignier et des Nouvelles-Sources, qui le furent ensuite.

Malgré la diversité de leurs situations respectives, les unes et les autres sont considérées comme autant de débouchés d'un réservoir commun enfoui dans les flancs des monts voisins. Toutes contiennent, à doses plus ou moins variées, du gaz oxigène, de l'azote, de l'acide carbonique libre, du bicarbonate de potasse, de la soude, de l'ammoniaque, du protoxyde de fer, de la chaux, de la magnésie, du chlorure de sodium, de l'acétate de chaux, du sulfate de magnésie, de l'alumine, de la silice, du phosphate de soude, de la glairine. En général, la propriété de leurs eaux est de guérir les maladies des voies urinaires, telles que le catarrhe, la gravelle, la pierre, etc.

---

[1] Archives du Château de Chambéry.

D'autre part, c'est spécialement à mi-chemin entre Évian et Saint-Gingolph, que se dresse, comme une avancée géante projetée dans le lac, le massif d'escarpements dont les terrains fournissent les matériaux à de nombreuses carrières.

Huit étages de nature différente, parfaitement tranchés et d'une régularité que troublent à peine quelques accidents locaux, s'aperçoivent distinctement dans ce massif. Ce sont, en procédant de bas en haut :

Des marnes noires, un calcaire gris-bleu avec veines blanches de carbonate de chaux spathique, un calcaire blanc-jaunâtre, un calcaire siliceux noirâtre, un banc de calcaire spathique et légèrement dolomitique, un calcaire siliceux dur, un deuxième banc de calcaire spathique et dolomitique, un calcaire bleu.

Ceux de ces terrains qui sont surtout exploités, sont : le calcaire gris-bleu, le calcaire blanc-jaunâtre, le calcaire dolomitique et le calcaire bleu. Les uns sont employés à la fabrication de la chaux, les autres à la fabrication du ciment artificiel ou comme pierre à bâtir.

Les principales carrières et usines destinées à la confection de ces divers produits sont celles du Maupas pour la chaux, de la Chéniaz pour la chaux et le ciment, de la Talette, de Meillerie et de Thollon pour la pierre à bâtir.

Mais ici, Messieurs, pas plus que pour la première partie du remarquable travail de notre éloquent secrétaire perpétuel, je n'ai besoin de replacer sous vos yeux tous les beaux développements présentés par l'auteur. Nous n'avons voulu, dans cette esquisse, que vous rappeler ce que vous avez entendu avec un plaisir non dissimulé. Vous conservez le souvenir de tous ces détails historiques, techniques et descriptifs, présentés dans un style charmant. Aussi, votre Commission est-elle persuadée d'interpréter vos sentiments, en vous proposant aujourd'hui d'insérer cette intéressante étude dans vos *Mémoires*. ·

Le Rapporteur,

L. MORAND.

L'Académie de Savoie a adopté les conclusions de ce rapport et ordonné l'insertion dans ses *Mémoires* de la monographie présentée par M. Descostes.

Le Secrétaire adjoint,

L. MORAND.